#1

		14													
		1	4			14				12					
15		7						4		14				11	1
														5	
13			14	15	5	8				6					
	11		1		6						12				
	5	6							10				1		9
												5			
1		15	5	10							7		9	14	
			2			9			14			11			
					12			15				4	5		
	14						5		6						
	13		16		8			10						1	5
	6			11											12
14		9		12			6						13		
7							10	1		13					8

#2

9				16				5		8					2
	16			2					14						
	7				9	13			15	10		16			
													13		
						1		11	2				12		
13															
		15	10	12			16	13					6	11	
2		11		6					12		14			16	
15		6			11	16					9				
	14		7			9		13	4		2				1
										16			2		
	4					2		1							
		6			3	15	11			13			12		
		12			1				14			2			
4				7	16					12					6
3		14		9						15					

#3

3							11		10						1
		10	5	13	15		1	6			7				
		15		9			14			5					
	11								13		4	10	15		9
					13	5			4						
				4					15		5	9	2		
4					8	15	9	3							
	3		10	2						8		12			
		13		10			5								
7									11	1	13				
16					2			7	5			3			
												7			
10															
				11	16					6	10				
	8	9			14				1						
	1				5	12			14		16	13		10	6

#4

15	6	4			9	1		5							10
			8							15			12		
	3					10		16				8			
	12				11	15							6		
				13	5					9	8	2	16		4
					8								12	14	
		12		11		14								1	8
			10				12		4						
					7	8		15							
	2					13			11		9				15
13				15						6	12		10		
	11				1							14			13
	4				12				7		5	10			
								6			3				
					4			15		14					
6		2			13			8							

#5

									6		
						3			11		10
	6				10				15	14	
						11		16		6		7	
	2										
		7				5	13		4		
	3	8	10		11			4		12		
	14								9		11	15
8				2						11	13	9
	10	13										5
9			2		5		1		13			12
4				13			16		8			
6	4	15		10			14		5	13	12	
	1	5			3				13		9	
						1				5		
2	8				12	15			4			

#6

9				3	11							10	6	5	
		12			13					2		7			
	4			5						6		14	12		
		1			9		14		10			4	13		
						2			14					8	4
				13	11	4					16		10		
		4			9			1	6				16		2
	16	8				15			4					7	
					1		13						5	3	
12													16		
				4				13	3				11		
		3				16					14				
							9					15			
		6				11					8				10
			1					10		4	6	12			8
		12											16		

#7

	3	2					10				
	7		4		13				16		
12	8					13			6		
				2			3				
								6			
14	9	8		6							
	12		10	4	15						8
6		13		3	7	2	5	9		10	
			16			7	6	12	10			9
5		11						9			
		6	10			2	11				
			5			16			7		
8					15						
9				4	13	10	5		8		7
							7	14	15		13	4
		13				9				5	14

#8

		11					4						8		
	12	6			1		15	8	16						
	3		9			8			12				13		
			8	3		9						7			4
				8	2				13						6
13		7		11	16			8	2					12	
	2					4						16			
				13											15
			11	6	15					10		1	4	3	
						9		12	3		7			16	5
			16	12											
		10		1	14					11					
	13	12	7		5			11							
									10			13			
	11	15						9	1					5	
	1		10	15						14					

#9

	7	8			16								11		
				5			15			16					14
				11		2	9								
							3		9	13					
	6	15			14			5						3	9
13							7		8	6		14		5	
10	5			2				1						6	
			4				12			2			13		
8	11		7									12		2	
	2			4				1							
		6						2					5		
3		10		7	15			6				11			
				3	16			4				8	7	12	
	3				13			9							
								12		2				1	
								10	8	1					

#10

	4		6					8							
		2							9	6		5	8	16	
	14												9		
	8			6						10		14	7	2	
				1		4						2	15		
	15		3	5	10	9				12			1		
		9										7	14	10	
4	6									13		5			9
8	13												3		
								15	8	13					
				11	5			1		2		8	16		
		6						7							
1	12	10			7	14									
		9				1			6	11	8				
		14						1							10

#11

			6				14					15		
				14		11			2		16				
9										6			4	14	
		12						9				13			
16										2					15
		2								15		1	3		
8				16					4			14			
	5		13	6	8	15			16				12		
			11					12		9					
	14	8		4	7							16			
12				11				10		7			6	5	14
13				1					15		11		7		
		11	16			5		4			8			9	
	13							16							
10										14		5			
6			8												

#12

		6				4					13				
		9		11	12	15			13		6				
		13			2	12									11
	16		11	15		5		6	10						4
		7	13		2							1			15
1							6		3						
		11	4					2	9	10	1		8		
					4				5						
3		4				10									
14			15	13											
13		16			11				6						
			7	5	9		4								3
			4						6	15					
7	13	15	6	11	8										
			1		15					2	5	4			10
9										15			14		

#13

					5	14								6	
	13	10		15			4					3			
											9			2	
		12	15						6	3				7	
			2				8	13		15			14		
							12			16					
7						16		12			3				8
				1						8	10	7			
						9				4	1	2			
1	5							10			13	4	15		6
					2		10								
11			16								7				5
		8		2			11								1
15		16								12					2
	6	5												14	
10					1		5	3					8	16	

#14

	14														
3					14	4	16								11
5			4		1	3			7			2	10	14	
		4		13		11		6		14					
						8	1								
		3		8				12		6		10	13		
8					11										9
				5									15		3
				7				8		16		6			
						7		10				1	11	4	
			1						11	15	7			13	
						1							8		12
	2				10							3			15
	1	14			16			9		13		11			
		5			2										
														5	16

#15

				16		9									15
							8								11
		11				16	4			7		9			
						15									
11		2				1									
		5		10			16		15						
		7		15				3				8			10
				4	14					6					
				1				9		5	13				
		4							16		9				
6				5		8	7	4							
13	3	9	11			5						15	7		
	16		2		15		6								
2	6								8	12					5
14	5					13	2	16				4			
	13		14		1							16			

#16

11					6				10	9					
13	4		10		1				12		5	3			7
		16							9			11	6		
						2	15						12		
15						1		10				9			
			5	8				3					1		
				13						7	2				
	16		2				9				13	8			15
2	11					12	13				4				
			16				14		3						
					13	5	4						10		
1		5		14		11									
								16	14		12				
	12	15			11										
10					14						8		4		
			12					11			1				

#17

		8	10		7				9						
3			9							13		4			
						11			10			8		16	15
5		1			3					15			11		
16	5			4			7	9		2				3	
	9				8			11			4			7	
				9						8			5		6
	11			14		3									
												9			
	12							13			1				5
1			16	13					5		8				
				16											
									3				9		
	7	12	2		11			1	6	9					10
		16				6							1		
			3	12	5	9		15	13						

#18

	13			5						7	8		4		
15									4			6			
	6			9				2		1					
	8		9		14					15					
		4		15		12		7							
							2		14		16				3
						14		3							
									2						
	7	8						1						2	10
2		12				9		6		7		16	14		
		16				10		14							
	14		15							5					12
12		6			1	16	5			2		3	9		15
5					6			12		3	13	10			4
			2		14			8							
		7							16	10			2		

#19

					5		15								
						14	7								
		5								13					
	9						1	5		16		12			2
			4							1	5		3		
			15			5						6		12	
		10				12	8			11					
											12			4	
2			6			8	4			9				11	
10						1		2							
4		16			15	7		12		8			10		
									11		13			9	12
		14	16			4	5					7	12		13
							13		14	12			8		
	15	4			6	9	12	3	10						
	1			14				7							

#20

13		12					5					1	10	2	
					6			4			11	7	16		5
	6					15								8	
7		5		1					3			11			
											13			5	16
			10				1	6			3	8			
		16	5										15		
		9	6						15				13	1	
						16		12	1		4		3		2
16		15		5	12					3					1
		2								14		12			
			12											16	10
							11		8	2			6		13
	5	6	7		14							3	1		
				15											
													14		

#21

4		11	8	5											16
		15	7	9		4			2						
3	14			7				13			8	15			
	5			11	8	3			4		16		9		
8				16					3				11		
	3		1												
	11				3						10		6	15	
					9	11		8						3	
5		15							8						
7									11						
	16		4	1	13				10						
							8		5	11		15			
	7			13			14		12	15			1		2
	8						7		13	1				5	3
			9			15	10	3					14		

#22

			5		12		8	16	2						
			1	5									12	16	
		7			11					3		14	15		
	10					9		8		14	12	5			
		2	14				5								6
		8				13	6					16	2		10
	7							13	11	16	14			1	
						15	11	2		6			5		
			2	13		5					11		3		
								12	6	2				5	
	5		12			10	9						11		
							2								
								1			7	15			
			7				3		16					8	
		5		6		7					3			14	
11								4							

#23

													7		13
		3						16			4	9		6	15
16			5									3		8	14
			15				8					16	2		
				14					4					11	
1	2						3	5				12			8
						11		1	6						
		8										1		5	
14	6		7			15		13		1		8		12	
				13			12	4					16		
											15				
10	15	13						12	11	14			6		
4					2										
9				3	10				15			7	5		
								11	2	3			1		

#24

1			6						11	14					
		16						6	5				10	13	
			13												
		11					15		16						
			15						3	1			11	10	
				14				11							
							7	9			8				
3	11	12	9				15								6
			2		14	13		4							
			4		8	16					12				
7		15	8		13			14							4
				15	5	16	8			1			10		7
	6		13		10					5		9			
	4				5									1	
										4	5				
			1		4	9	11			15		2			

#25

				8	3		15				5	11			
									8						
					16		6	7	4						
	16		2					13			7	3			
		12		3						2					
		16			8							4			
6	10			2	13		7		11						
	13	8													
4					5	1		8			6				
16		1	5								13	11			
		13		1					3			10			
	8	11			6							4	14		
9					1			10	13			11			
				6		14			4			8			
5		14					3			2	12				
	4	6			12				7				2	16	

#26

	8		12	10	1										
2															
		16		11		7		13			12				3
4			12					5	6	14					
		13						14				15			4
				9				13							
	14			2	15				3				6		
	7	6			4	10	13				9	3	14		
	11	1	5			3					2				6
						6									
3					2	15	9				11				
10					16	11	3				6				
			3		5									6	15
6	16			11	8	10	15	9			5	13		1	12
	8					2		12							

#27

									12				11		7
		1			15	5	3						16		4
				7			4								1
16							6								
	16	11		8	6				9					14	
6		3				11	1	2					9		13
	14	13			7									8	
	15			14								2			
		6	15		14						9	5		4	
	5		9					4	1						
14			11			13	8						10		9
	12	2											13		16
								10	8		3	11			14
							11	16	14		12				
	8	12						7				13	5		
							15		6						

#28

8	6				11		7			15	10		2		
			7	4											13
									7				11	16	5
13					9			12	11	8			6		
11			10												
		3				10				5					
								15	14						7
7									9			1	2	8	
			1				3		7	16				8	2
10					1	4			8		15			11	
	8					11								7	
16						9							5		6
14								5		11				6	
		10	12	3			14						4	13	9
					7			3	12	1		10			
								4		14					

#29

	1										7	13			
	12			13	8			15			11				
					7	6			1		16			11	
		4				9	5				6				
	10											9			
	11	1	9						13						12
2	3		12		5	8			4			16			
		15									8		2		
15		8									12				
				1					5						
	6										9	5			
				12	16	7					10		4		11
	15					2					3	4			
	1			3									10		
16		8		7	4	5					2	1			
					15	16	8	12						5	7

#30

	1	2				6			9			14			
8					16	10									
				2	10										
14			9	11		7				3					
15				3	6				1						
16					12	2	8						9	6	
	12				15			2							8
												16	2	3	
	15			4	3						14				
			15								5		3	16	
4	14	16			12					9		8	13		
		3			13								7		
													14		
					1		5					15	11	6	
6	13		16								1				
		9	10	6		5				14			4	12	

#31

3	4	11	2		14	10	16	15							1
8	10				7	9			14			16	5		
9	16							10	11					14	8
									9					5	
			10					5							15
	7			10								1			
	15								2						
	9											8	13		
13										5					
							1					3	11		4
			15		8				1		3				
2						3					13			15	
7				1			13	3					8		
15								11	5	1					7
11									7		12	13	1		

#32

										15					6
		3	15	11	13	8	1			16	10				14
		10			3		4						12	5	
				5			9	13				1	2		11
		9													
	12	16						10	4				1	13	
			11				14					7			
		10	2	8											4
11			16				2								
13													9	1	
	15	14							16						
			8		2						4		13	14	7
			4			7		9							
	9		15		10		4					11			
				8			16					12			
		8			9	6		5							

#33

			15						2	5			7		
				8					1	14					
14	15					2			9	16					
	2						4				14				
		2				7									
	12		13						11		8				
5		11		16	10				13		2				
						12			16						
		3	10				1						14		
2	10		6	3		12			11						
15								2		4	9				
	7					16									
10			9		15			1		8	12				6
				12					14					15	7
7						8		9	10				12	1	
	16		4	6			10							9	

#34

	12				4	11				16		6			
	2									4					
			10		12	5	16		11	1	7		4		
											5				16
	3														
12									4						
			10					9	14						
9	4	16	1		5				8	15			13		
	7					15							2	11	
		3			9	12		1			2	4		6	
	9					2			5					3	
		4			6										9
			15	9				10	4			6	2		5
					2			3				12	7		
6		2		1		15			7						
						5	2					6	16		

#35

		5		11				1			10		3
6		10					15		11	9			
			16					9					
		9			2					5		14	
		1						11	15				
10			3			13						16	
16	5	3											11
					15		16	10		12	4		14
			11					2	12		13	5	9
15						3		16	6		7		4
7	16				10				13		3	14	11	1
									10				16
9	16												
					5							9	10
			3	9	2		10	4				16		

#36

	15	2	1												
				7	14				5			1	8		
			8						11			3			
			16	8					14						
4				1		16	9						14		7
16				14	5				7			9			
												2			11
15		1		9							5		3		
	3							7	12	11					
	7		10					8	5		13	12	9	3	14
8	5			13										11	
	9	12	13			16	10	15							
10	1								2						
12				3			6					14		2	
14			4			9		10	3						16
					4										

#37

7													15		
			1	7						12	10				
6	10		9	15	11										
												10	5		
					11				5	16					
12		6							7				16		15
			16		12		15								11
			8					10				6	12		
				12		5	10		3		14			6	
		2				7			12		8		14	16	
									16			15			
							11					4	10		
		9						5	1	4					
								9		6			4		
				14					16	15		12	11		
15	11		14		4		5	3							

#38

7				16		6			8			10			
				11				12	3			8	7		6
				10		7		9			6			2	
		2					8			13					16
				1	3	5									
					13									3	14
						7		10			8				11
									16			9	2		
	9			2			13		4	12					8
	8	6		12			10	13							5
		5						2							13
									6	9					
	2	14						8						12	4
			12	15	16	1			13	4			8		10
16				2											

#39

9								4	15			14	5		
	10									5	3				
												10			1
	3	2			5		13		7					6	15
								5		4					
	10				1	5					15		4		
2	5	13								12	11				6
	7			11	16	8									
	4														10
					13			7	5						4
		14			7			13							
13	11					16			15	4		2	14		
	4	5	12		16			10				15			
								6	7			16			12
	12								8	14	4				
	16		10			6	3								

#40

	16								13	5		10
	10							6		12	1	
7	2				15			11	10	16		3
		3	4	10		11						
				6		12			11			
	4											
			16	3	11			14				
2	8					15						
		1			4		7					
	3	4		8		12				13		
	13		2	12				1				5
16		8	6		7	14		13				
					8	11	10	2		5		
			16			5						2
		2				13					11	
		1	7			3		14		13		

#41

	14	11	16	9	1	10	3				2				
	6			2		7		9		14					
		2				6	15				11				9
	8		3		14					6					
						3						6	9		
					10		1								
13			12					1				10			
14					9	11				12					13
					8				6			15		3	
		3			4							7			
		4		3						15					
8				11	15				12	10		14			
			11			13		3		9				16	
	3	14													
			7											6	
		8							14	11	13		2		10

#42

	13						5				4
16							2			14	
			10								2
	1	9	4							5	7
						7					
			5		4			16		9	
	2			6	7		14	9			
			14			1	6		11	8	5
	1			4	10		16			14	
2								1	5		10
8	9					5		3		6	
			2								8
6			8	15	4	12	3				
	11	5		2	1		16		12	8	
		3					2		5	1	
				14		10				11	13

#43

6				7										1	3
									11			15	10		
	11	10		1					12		14				16
	15		16	14	10					8		6	13		
		8	15												
		14	2										15	16	
					3		15			9		7			
10	6	7		4	1	9							8		
					14			3				9			5
		4			5			9							
	5	16	12			3	7		6						8
			4										12		10
11					12	4	7								
				11									3		
	12	2					5					10			1
	7				8				14					11	

#44

9														7	5
14		7						16		2					
5					11										
															6
	15			8								10	4		
						4	12		8				5		
				2		15	9	16				14			
	4	3				2						15			
		9			3	6	14								
6	5			14	13				1	11	16	4			
		11	12	5		13	16			2					
	10			4	1	6		5							14
15					2					3		14			
	4		11					3							
11	3	7						6		9		13			
		2			5										

#45

		13					9						7		
7														3	
		8	11	2						3					
											14			4	1
		12	13	15		11			2		7	1			
								13	9		6			15	3
						6					4	14			
	6	7	14		3			8	1	10				16	
													4	11	13
		14										12		8	5
12					13					5			7		
13				3		2			11		4				
						15		13		8		2			4
3	13	6				10							1		
		15										10	13		8
5	7	4				1							12		

#46

1					11										
2		12	5	15		3						16			10
			15	10				5					2		
				9						4					
		16							5	15	10	6			
4				5									9	7	
		7			12	15			9					13	
6				11								14			
		1				16						3			
	13			12		10	11	16			5				
		8				9		11			6			4	
					5		4						10		
				6		15					11				
15	5								13			11			
11		6							8		1			10	5
	2							4	10	12		15			

#47

9												5	12		2
13			4	12	9				10						11
	8			16				4				7			3
	12			8							2		16		
14									1						12
								11				13			
	13			14	2								1		
								15	5						
12	1			3				15			5		11		13
16								4			1			15	
												12	3		7
10				9				2						16	
	9							10	14	2					4
15		14		2		11			13	4		7			1
								1							15
			2							3		14			

#48

						3		5					7		
4	5							9			7			15	
					10	7		1				13			12
8	10	11										1			
13												16	8	12	
		6	15	3		9					8				
11			16			13		7		4					15
						15			11						
10				13			3		16				12		
					7				13					10	9
3	11	14		15											
		9				8								4	
		4			13				3						
								12	8			15		9	
	13		14		15				6	2		4			
		8						14							

#49

		13				9	12							15	5
9			8					16	13						3
	10		6						9					13	
															9
			2		9			14					16		
								1		11				14	
			16		14				12		13				
	6		1					5		9		4			
									10					4	16
11													2		
		15	5	8				6		4					7
7			13		9		10		11			6			
	14				1	15			9			8	13		
		10								8	7				
		15						16		14					4
		1		9	2	11	16								

#50

13				16		1	9		7		4	5			
					13			8	9			14		7	
		4							1			13			12
9	7	14		5								15		1	
	13				6			2			3	12			
	8	6							12	1	15		7		4
	3	2		10		12	1				8				
	12								5		10			6	
3			7			16	4	2							
	5							13					1		15
			12		11			15	16				4		
						12									
				1		4		16				6			7
															16
				16											
					5					7		3			14

#51

	11					12			8			15			10
	6				8		10								4
						15			2			14			
			2		5			3						9	
	8			4					1			5			15
			4							13	12	1			
								16		5		13			
	14		5					9	8					2	
				15	1			5				9			
				12									15	6	
14				7	9				12	15					
		12	15		10		3					7			5
1	3			9				4							
						3				12		4			
														5	
13			9	16				1	5			12			

#52

			10		14				11					
	7		2						9					
4	6	5									7			
		8					4	2			10			
5		11	1	14			9		15		8			
7	1			9	3									15
12		8		13	11			3			9			
					15	14				1				
			3	10		7	13		8					
11		10												
				11								15	12	
	14		2	13		4	5		7				9	11
	3			2									5	
						4	2					13		
	8		11						6			7	2	

#53

					1							16	14		
				10	7							3			
	11				13	8									
		10							2						
11			6		12			9							
7	1							5		15		8	11	2	
5		9			10				8	6					12
									11				6		
	8	14		15		6		13							
6	5									9					
				9	10										
9			5					15	14						
		12		6								9			8
14	9		11	15	4							6			1
	15											13	5		
	6		10		13	2	3		7				14		

#54

				15	2										
		7		3					4			16			
				5	11		10					7			2
				7	14	4	16								9
			11						3		13				
9	5		7	16					10						1
		6												3	8
				9						15	5				
				13						8					
				10		7		16	14	6					
					15			1		2				9	3
	7			4				3	10	12				8	
		5		9		13	10								
4	1			12						11		6			
	8				4				6	9			13		5
				6											

#55

			14		13	2			12	3	9				
4			15			5									
	10	9													
		1	6			7		4	8						
10	14			8											
		2		4			13								
			11		2	7			4				5		
	5		9			16									
		5			10						7				14
		6						8		11	3	9	7	12
7		3				11			15						10
				12										2	
	8			14		12					4	2			1
	2			13							4				
				3	4									10	7
	4		12								14				

#56

			3										14		
		5				1	13		9		15				10
16					15				1			6	3		
3	11														9
						15			8						5
	16	14											3		
	13					14									
								11				7	14		
	12	6		4											
	5					12	7					4			
15							11		3						14
					14										11
14	15			10	11	1		8					5		
		7			15		4						11	8	
13		12	2		6		5					16			
		11		13	12						10			4	7

#57

		8	5		12						2	3	
	7												
10		11			14							1	
					11	1	14			9	5	12	
			15		6			3					4
			9								11		
2			14		8	4				7			
				5	10	16							
	13		14		16	7		1	2			11	
			2			1	8	4	3	14	15	10	
									12				
								5				14	
	5	2	10						15	8	14		3
						5			14	4		15	16
		13						10					
									1	7	5	8	2

#58

	3			7							6	11			5
	8				9		13	11					10		
1		2	6		10						15		14		
		7		16				5				6	9	2	
13					10				15			9			
					1			4				13	14	16	
					11	15	14								
					14							7	3		
			13			4	15							3	
		10													
								5				4	1		11
					8										
	1		5				10		2				11	14	
				12									2		
2	12			15											
3	9	11			2						8		10	1	

#59

1				6	4		15	14		9	3				16
		6				14				13					
						1	2							8	
14				13	10	11				16	2				
					12					4		2			15
							11			7					
8											14				
	4		1			13	9	6	2					10	5
	1									5					
					13			12		2					
					8		10							16	12
				12			16				15		4	11	
					15			1	12			4			2
		1							5	6					
				1	6		12		13						
12		14			2					11			10		6

#60

	7	9	8						15		
						10	9		8			2
2			11		3	7		4	1		14	
			2	13		11	6		7			
	11								3	15	7	
	13		14				3					
					1							
1			15		13			6				
6				15		8				5		
10			3									
	5		4	16		15	3	6	1		8	
	2		13				12					
	10				11			8	12	13		
		8	3	15				11	12		16	
	11						16		5		1	
			10			3	2			7	11	

60

#61

			8		10				15			
	8		16			5		15		7			14
			11						13				
			15		1						16		
		10	15					8	3	16			
		6					10		14		11		
11												3	2
		13	7										15
	10	8	4		15							2	
13	2	12	1	10					16		9		
				12					10				
					1	2		8			10		
		5			8			6			11		
1										3	15		8
	4			12		11		14		3			6
						3					14	16	

#62

	13	7						3			14			12
8			6										16		
	12			13	11										2
		15					5		2		13		10		
							8			11			14		
1					9							13			10
		11											8		
	5		7		8	14						2			
		8		14		2								6	16
				8			1	3			4	10		2	
7					4	15				14					8
					10					2			4		
	7	6										2		9	
				16				14	13			10			7
12		9	8		10			4				11	1		
											5	3	16	12	

#63

12								3							
	13			2			3	4	10				1		11
6		1	11								15		10		
4					9		11								
15						4		10						16	
						15				9		10			
	9			10					12			1			
		11											9		4
	8							1		7			4	11	
							4	9			2	3		10	7
16	7				15	3				11			14		9
	11	9		12		10									1
	13				2				6						
	3							12	9					5	16
	4														
	1		16			8							7		

#64

11		5			16							7	3	15	8
		4	12		1			16			8			13	
			16							14			1		
	1		8			15			5			4			
	8			11				16		7					
			11	8						10	3				
					15	10	8			11					
	16			12					1						
	4	3			5							1			7
12	11										5	10	2	8	
				10											
				15		9	12				6		11		
										15					
			7				2	11	14			6	12	5	
		12			10			5		13					
	5		10												2

#65

11			15									14		1	
		16		12		4		5							2
	4			11	2			13	12					7	
	10				3	9							16		
1				6	12										
2	16								3						
	14		11					6	7	12			2		
	11			2		15								8	
		3	6				1			15		12			14
				9	11		4							2	
						5							15		4
								8	13	16					
	6			3	1	12			2			16		15	
					16						3				11
			2								12	4			

#66

		2			9					4					
4						11								16	1
11				16		5		3	10						4
			16										10		
				7											
								15	13	7					
		14		13	16				5				2		7
7										10					
6	13	12		9	10		14	5					3		
15					6			16		3					
9		7		4				15	14	11		16			
	11		10					8		6		4			12
10	15				11							6			
		7	6							13		1			
		4													
	6					10				8	16	12	11		

#67

	13						12			4		11			
				12		1	10		3						
	6					3	15	11			14	13			
							8			10					12
		15				14									
				13				1					2		15
						15						1			
				4	3				2						10
9											8	16		1	2
			8		9	7				2		15			14
										9	16				
6	10			15						3					
		5		16		2	9	7	15	6					3
				11				8	16	13					4
	1						6	5				2			9

#68

	14			11					7						
			4							1		2	5	9	
		16		13											
				1						11		13			16
	6	12			9		7								
11	10			12					6		8				
					12										
14		15					3		12				9		2
							1	9							7
		9	10			2									12
16		8	10		12	3						15	2		
12		13		2	6		10			9	11		16		
13			8						10	15					
	11				2								9	15	
				9		1							4		
		14										13			

68

#69

								2			15				
		15				9		8			5				3
13	14	3	10			2	11	9		16		6			
						4									
													11		
1		14		6	10			4		9			3		
	2			15							11				1
	6					3	2	12			7	8	4		
6	13	11													
													10	4	6
3						14		11	10						
	4		14				6				16		13		
5		6		13					4					2	
					9			15	16	2					
			8				4				13				
7		2						14			3		6		

#70

14		11	2	6	12		7					9			
		8	12		5				4						6
								2			6	1	12		
	7		5			4				12	14	10			2
				16									15		
		15				8		12		2	3				
				13						11					
	6				15		1						8		
13							11				1				8
6		16				7	8				9		3		15
				12					14		10			7	
			10					8							
				8		6		15		1			10		
			7				12								9
2			6				15		8	3					
5									6					13	

#71

12			13					14		5		9	1		
	10							6		12					
		11			14								8	2	
		16				8			10						
1				5			7					14	13		
16	13		15	3					4						
						4	16	9	1			5			12
									6						
	9			7						11	3				8
	15			14	12				2						
										5	9	13			
				6	3	5									14
11	5			1	2	15			3						13
7	16			11		9		8	15				2		
		8		10	3			13					7		
										14					11

#72

				4		1		8	12						
								1		6	14	12			
				9		13					5	6		14	
			14		7				2				1		
			13	1	12		2		11			16	10		
	6	8	10			16		5	9		12			1	11
		16	7												
		3										15			
					1	7									
	10		16	2				3							
			9			4						1			
3			15	16						5					2
		6				2		9				11			1
					6										
	15		3	5	11						16		13		
11		12			16			10		8		5			7

#73

	16		10				13						7		
			4												1
			2								8		14		
8			1		6	15									3
			11	8	12	9				3		14		13	
14		13	6						11		10				
				2		14			13					5	11
				13							12				
10					11	4									
						2			13	15		12	1		11
13				14	5	1									
				3				12	13						
	1	5		16	9	8									
6	12				4					2	13				
					13			10							
								8	16						9

#74

		8		4							6	
		11		7		6	5	9	15			4
								8	3	7		
								7	11			15
											14	13
		3	15	5				13		9	4	
		5	16		3			14	11			10
			13	2		14						8
										9		
	9			4		16		7				3
						11			16			13	7
				7			9	4		6	2	16	15	12
13			14	10	11							
					2						13		
				3		7				11	10		1
15				8	9				1				

#75

		6	3		7					16	12				10
		5										11	3		7
				5		4					10				
				3		6	1						5		8
16				14											
4	11												12		14
										16					
6													16		1
13	6											16			
5				7					1	3	13		6		
	3				8	1	5					15			
9		7		15	10							3			
2	13							16	14			4			
7		4	6						1	2					
				13	15	4			6				11		2
		5						12		15					

#76

			13			10				15				6	
5	11		15	9	7	8			4						12
	3								9						
	1				2		16		12	8					
	5								16	6					
4														5	
			3												
		15	6			12		3	1	5		11			
8	14	10				9		12						2	
	7		4												9
				7			3						12		
	15			12	10	11									
				5		4		11		14					
3	10			12				5	8	7					
15				10	13										
6	9			2	3				15			8	5	4	

#77

5		10		12							11	13			
					8		5		10		7			6	1
8	7		13		11			12							
12	11	1				16		3							
		11								2			4		
		2	4		10			16		8		14			
		13								12		3			
	16					5				7		2			13
				3	4	13	11		2			12			
4									9						11
	1			7		12	9								
			7		14		11								
		7	9							11	15		3		
16				4							8				
						13	2		4				5		
	4	5												12	

#78

	15	12		8	14	10			6						
		6				4				7			9		16
					1			16						8	13
						16									6
			8	1					14	16	6				
12	2	11		5		14						16			
													12	6	
	7			9			6	10			1	8	15		
	9	10				7		16					11	13	
			15					13			7				
										8					
	5														
	12					5							1		
2			9					5		1	16				7
4		15			6				7	9				14	
11			5								2				

#79

				16		1									
		1						4		7	15	11			14
					6			3							1
								5	1					12	
6		5			11										
		11			8					3					
	1			4				13		2		16			11
7			10	1	5		3	12					13	4	
1	9	6		16	14	12						10	2	5	4
		4							7	12		15	9		
					3									8	
	15			7											
	16				4			13							
15				11							14				9
14					2								4		
13	3			9				12	15			11			

#80

					7			1				4			
	9										16	12			
		8		16	13	10						3	1		11
						5			15			16			
	1				2		16	11		7					
			3							13					
		2				6				8				12	
	11				13			4		1					
8				11											
12								9	4	5	14			8	
1				6										16	
				12	16			10	8		15				
				13				12	9			15			
	10					6	3								16
				16		7		6	2						
	2	16	6			8		3							

www.ingramcontent.com/pod-product-compliance
Lightning Source LLC
Chambersburg PA
CBHW050252220526
45465CB00002B/651